◆ 本書の構成と利用法

本書は,『化学基礎』の「物質の構成」に関する問題を数多く収録したドリル形式の問題集です。
11 テーマの学習内容に取り組むことで,「物質の構成」に関する基本的な知識を着実に習得することができます。

・**学習のポイント** ポイントとなる重要事項を,簡潔に解説しています。重要事項は赤字で示しています。
・**問 題** 基本的な問題を掲載しています。反復演習を必要とするものについては,その類題を数多く掲載し,段階的な学習を行うことができるようにしています。

目 次

生徒用学習支援サイト　プラスウェブのご案内

スマートフォンやタブレット端末機などを使って,セルフチェックに役立つデータをダウンロードできます。　https://dg-w.jp/b/a9c0001
[注意]　コンテンツの利用に際しては,一般に,通信料が発生します。

1 物質の分離

学習日　　月　　日

学習のポイント

①混合物と純物質

混合物…2種類以上の物質が混じり合ってできた物質。融点・沸点が一定でない。　(例) 空気，塩酸

純物質…1種類の物質からなる物質。融点・沸点が一定。　(例) 水，塩化水素，塩化ナトリウム

②混合物の分離と精製

分離…性質の違いを利用して，混合物から目的の物質を分ける操作。

精製…分離された物質をさらに純粋なものにする操作。

方法	操作
ろ過	液体とそれに溶けない固体の物質を，ろ紙などを用いて分離する操作。
蒸留	液体に固体などが溶けた混合物を加熱し，目的の物質を気体に変えて，冷却することで再び液体として取り出す操作。
分留	液体どうしの混合物を加熱し，沸点の差を利用して分離する操作。
昇華法	固体が直接気体になる変化(昇華)を利用して物質を分離する操作。
再結晶	物質の溶解度が温度によって変化する性質を利用して，より純粋な物質を得る操作。
抽出	溶媒への溶けやすさの差を利用し，目的の物質を適切な溶媒に溶かし出させる操作。
クロマトグラフィー	物質のろ紙などへの吸着力の差を利用し，移動する距離の違いで分離する操作。

1 混合物と純物質の違い　次の各記述は，それぞれ混合物，純物質のどちらにあてはまるか。分類し，記号で答えよ。

(ア)　1種類の物質からなる。
(イ)　2種類以上の物質からなる。
(ウ)　一定の沸点・融点を示す。
(エ)　一定の沸点・融点を示さない。
(オ)　成分の物質をさらに分離できる。
(カ)　それ以上分離することができない。

混合物…＿＿＿＿＿＿＿＿

純物質…＿＿＿＿＿＿＿＿

2 混合物の成分　次の混合物を構成する物質の名称を答えよ。ただし，(1)は多い順に2つ答えよ。

(1)　空気　＿＿＿＿＿＿＿＿

(2)　食塩水　＿＿＿＿＿＿＿＿

(3)　塩酸　＿＿＿＿＿＿＿＿

3 混合物と純物質　次の各物質は混合物と純物質のどちらか。正しい方を丸で囲め。

(1)　岩石　〔 混合物・純物質 〕
(2)　鉄　〔 混合物・純物質 〕
(3)　水蒸気　〔 混合物・純物質 〕
(4)　スポーツドリンク　〔 混合物・純物質 〕
(5)　水素　〔 混合物・純物質 〕
(6)　ドライアイス　〔 混合物・純物質 〕
(7)　牛乳　〔 混合物・純物質 〕
(8)　石油　〔 混合物・純物質 〕
(9)　ダイヤモンド　〔 混合物・純物質 〕

4 ろ過　ろ過の方法を表す図としてあてはまるものを，次の(ア)～(エ)のうちから１つ選べ。

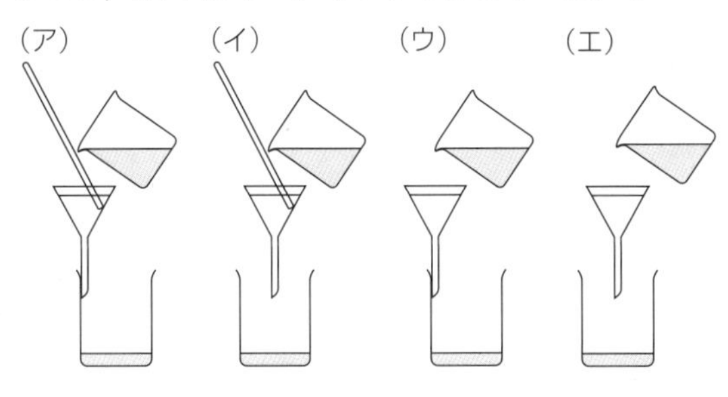

5 蒸留　次の各問いに答えよ。

(1)　図は，食塩水を蒸留するための装置である。下線部に器具の名前を記せ。

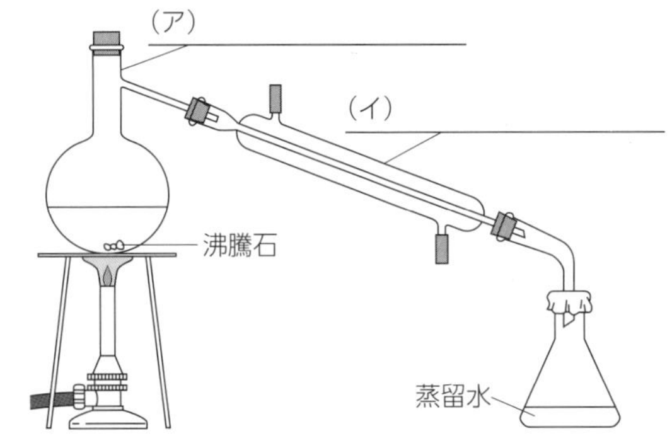

(2)　この操作で(ア)に温度計を取り付けるとき，温度計の先端の位置はどうなるか。正しいものを，次の①～③から選べ。

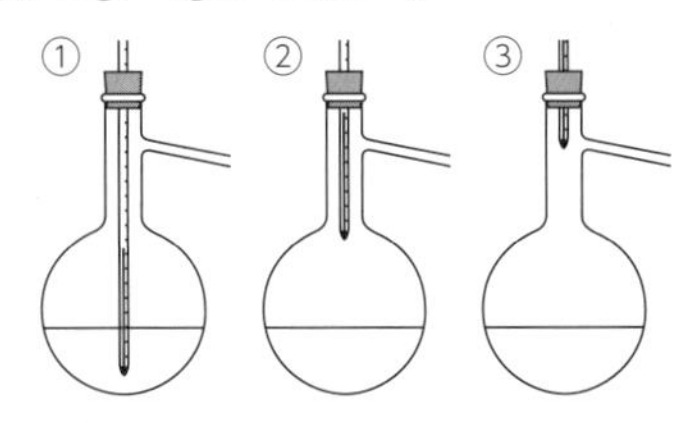

(3)　(イ)に冷却水を流すとき，次の図のAとBのどちらから冷却水を流せばよいか，解答欄の空所にあてはまる記号を記せ。

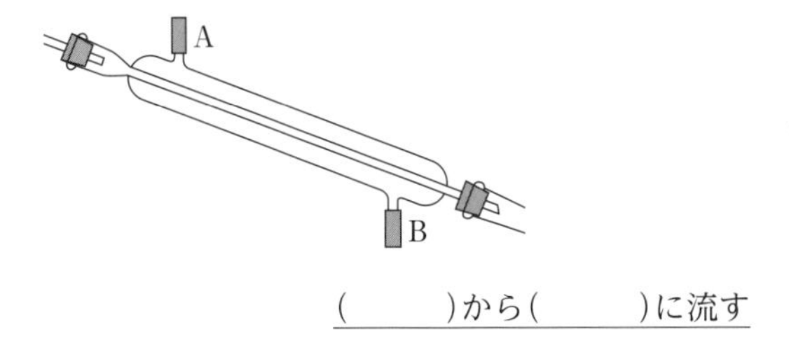

(　　　)から(　　　)に流す

6 昇華法　食塩とヨウ素の混合物から，ヨウ素を取り出すときの分離操作の方法としてあてはまるものを，次の(ア)～(エ)のうちから１つ選べ。

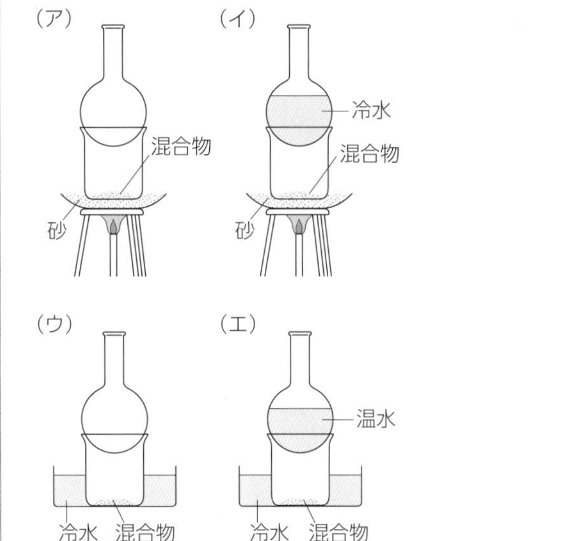

7 混合物の分離　次の混合物の分離方法の名称を答えよ。

(1)　石油から灯油や軽油などを分離する。

(2)　海水を加熱して，水を取り出す。

(3)　コーヒー豆から香りや味の成分をお湯で溶かし出す。

(4)　砂の混じった海水から砂を分離する。

(5)　少量の塩化ナトリウムの混じった硝酸カリウムから，溶解度の差を利用して硝酸カリウムを取り出す。

(6)　青インクをろ紙につけ，水を染みあがらせて青インクの成分を分離する。

2 元素と元素記号

学習日　　月　　日

学習のポイント

①**元素**　物質を構成する基本的な成分。現在118種類が知られている。

②**元素記号と表し方**　元素は**元素記号**を用いて表される。元素記号は，右のように大文字1字，あるいは大文字1字に小文字1字からなる。

<元素記号の表し方>

大文字1字		大文字1字と小文字1字	
水素	炭素	ヘリウム	ナトリウム
H	C	He	Na

1 元素記号　次の元素を元素記号で記せ。

(1)　水素

(2)　ヘリウム

(3)　リチウム

(4)　ベリリウム

(5)　ホウ素

(6)　炭素

(7)　窒素

(8)　酸素

(9)　フッ素

(10)　ネオン

(11)　ナトリウム

(12)　マグネシウム

(13)　アルミニウム

(14)　ケイ素

(15)　リン

(16)　硫黄

(17)　塩素

(18)　アルゴン

(19)　カリウム

(20)　カルシウム

(21)　鉄

(22)　銅

(23)　亜鉛

(24)　臭素

(25)　銀

(26)　ヨウ素

(27)　バリウム

(28)　金

(29)　水銀

(30)　鉛

2 元素名　次の元素記号を元素名で記せ。

(1) H ＿＿＿＿
(2) He ＿＿＿＿
(3) Li ＿＿＿＿
(4) Be ＿＿＿＿
(5) B ＿＿＿＿
(6) C ＿＿＿＿
(7) N ＿＿＿＿
(8) O ＿＿＿＿
(9) F ＿＿＿＿
(10) Ne ＿＿＿＿
(11) Na ＿＿＿＿
(12) Mg ＿＿＿＿
(13) Al ＿＿＿＿
(14) Si ＿＿＿＿
(15) P ＿＿＿＿
(16) S ＿＿＿＿
(17) Cl ＿＿＿＿
(18) Ar ＿＿＿＿
(19) K ＿＿＿＿
(20) Ca ＿＿＿＿
(21) Fe ＿＿＿＿
(22) Cu ＿＿＿＿
(23) Zn ＿＿＿＿
(24) Br ＿＿＿＿
(25) Ag ＿＿＿＿
(26) I ＿＿＿＿
(27) Ba ＿＿＿＿
(28) Au ＿＿＿＿
(29) Hg ＿＿＿＿
(30) Pb ＿＿＿＿

3 元素と元素記号　次の表の①～⑳にあてはまる元素記号をそれぞれ記せ。

水素							ヘリウム
①							②
リチウム	ベリリウム	ホウ素	炭素	窒素	酸素	フッ素	ネオン
③	④	⑤	⑥	⑦	⑧	⑨	⑩
ナトリウム	マグネシウム	アルミニウム	ケイ素	リン	硫黄	塩素	アルゴン
⑪	⑫	⑬	⑭	⑮	⑯	⑰	⑱
カリウム	カルシウム						
⑲	⑳						

3 元素の確認と物質の三態

月　日

学習のポイント

①単体と化合物

単体…1 種類の元素からなる物質。　**化合物**…2 種類以上の元素からなる物質。

同素体…同じ元素だけでできた単体で，互いに性質が異なる物質。

（同素体の例）

炭素 C		リン P		
ダイヤモンド	黒鉛	黄リン		赤リン
酸素 O		**硫黄 S**		
酸素	オゾン	斜方硫黄	単斜硫黄	ゴム状硫黄

②元素の確認

炎色反応…物質を炎の中に入れたとき，その成分元素に特有の色の炎が見られる現象。

（例）Li：赤色，Na：黄色，K：赤紫色，Ca：橙赤色，Sr：赤(紅)色，Ba：黄緑色，Cu：青緑色

元素と元素記号	確認方法
炭素 C	燃焼によって生じた気体を石灰水に通すと，白濁する。
水素 H	燃焼によって生じた液体を硫酸銅(Ⅱ)無水塩に触れさせると，青色に変化する。
塩素 Cl	硝酸銀水溶液を加えると，塩化銀が生じて白濁する。

③物質の三態と状態変化

物質の状態は，その温度と圧力の条件によって，固体，液体，気体に変化する。この変化を**状態変化**という。

融解：固体 ⇒ 液体，**蒸発**：液体 ⇒ 気体，**昇華**：固体 ⇒ 気体

凝固：液体 ⇒ 固体，**凝縮**：気体 ⇒ 液体，**凝華**：気体 ⇒ 固体

1 単体と化合物　次の各物質は単体と化合物のどちらか。正しい方を丸で囲め。

(1)　窒素　［ 単体・化合物 ］

(2)　鉄　［ 単体・化合物 ］

(3)　塩化ナトリウム　［ 単体・化合物 ］

(4)　二酸化炭素　［ 単体・化合物 ］

(5)　水銀　［ 単体・化合物 ］

(6)　酸化銀　［ 単体・化合物 ］

(7)　ダイヤモンド　［ 単体・化合物 ］

2 元素と単体　次の文中の「水素」は，それぞれ元素と単体のどちらを示しているか，正しい方を丸で囲め。

(1)　水の成分は，水素と酸素である。　［ 元素・単体 ］

(2)　亜鉛に希硫酸を加えると，水素が生じる。　［ 元素・単体 ］

(3)　水素と酸素の混合ガスに点火すると，燃焼して水が生成する。　［ 元素・単体 ］

(4)　水を電気分解すると，体積比 2：1 で，水素と酸素が生成する。　［ 元素・単体 ］

(5)　グルコースは炭素，水素，酸素からなる化合物である。　［ 元素・単体 ］

3 同素体

次の各物質と同素体の関係にある物質の名称を1つ記し，各同素体を構成する元素の元素記号をそれぞれ答えよ。

物質	元素記号	同素体の物質名
オゾン		
黄リン		
斜方硫黄		
黒鉛		

4 炎色反応

次の元素が示す炎色反応の色をそれぞれ答えよ。

(1)　リチウム Li

＿＿＿＿色

(2)　ナトリウム Na

＿＿＿＿色

(3)　カリウム K

＿＿＿＿色

(4)　カルシウム Ca

＿＿＿＿色

(5)　ストロンチウム Sr

＿＿＿＿色

(6)　バリウム Ba

＿＿＿＿色

(7)　銅 Cu

＿＿＿＿色

5 元素の確認

次の変化で確認される元素の名称を答えよ。

(1)　水溶液に硝酸銀水溶液を加えると，白く濁った。

＿＿＿＿＿＿

(2)　燃焼で発生した気体を石灰水に通じると，白く濁った。

＿＿＿＿＿＿

(3)　燃焼で生じた液体を硫酸銅(Ⅱ)無水塩に触れさせると，青色に変化した。

＿＿＿＿＿＿

6 物質の三態

次の図中の空欄にあてはまる語句を記せ。

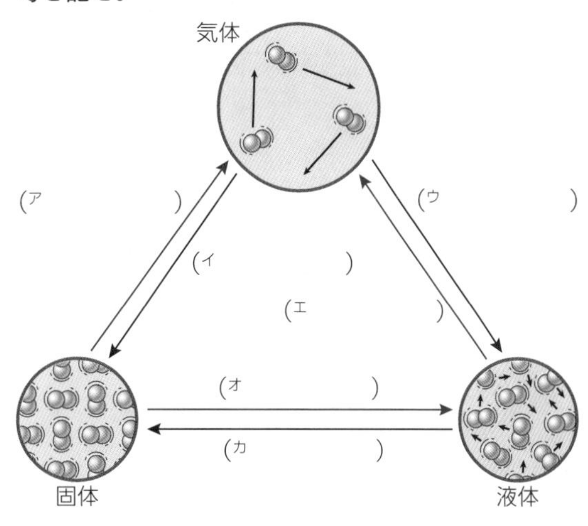

7 状態変化

図は，一定圧力のもとで，氷を加熱したときの，時間と温度の関係を表している。次の各問に答えよ。

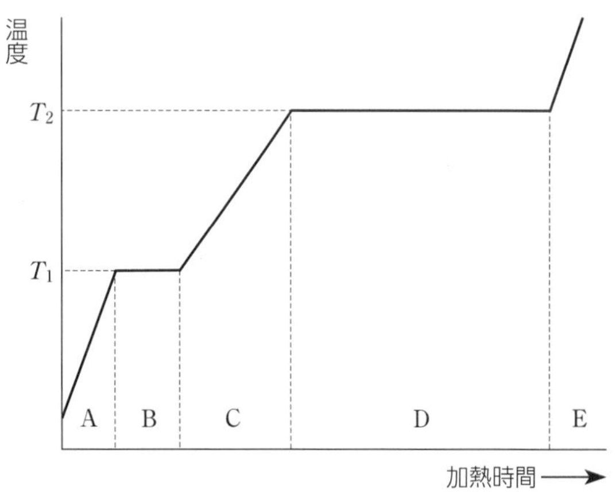

(1)　図中のA～Eの各範囲において，氷はそれぞれどのような状態か。次の(ア)～(オ)のうちから1つずつ選べ。

(ア)　水蒸気　　(イ)　水　　(ウ)　氷

(エ)　氷と水　　(オ)　水と水蒸気

A ＿＿＿＿　B ＿＿＿＿　C ＿＿＿＿

D ＿＿＿＿　E ＿＿＿＿

(2)　T_1 と T_2 の温度の名称を，それぞれ答えよ。

T_1 ＿＿＿＿＿＿　T_2 ＿＿＿＿＿＿

4 原子のなりたち

学習日　　月　　日

学習のポイント

①原子の構造

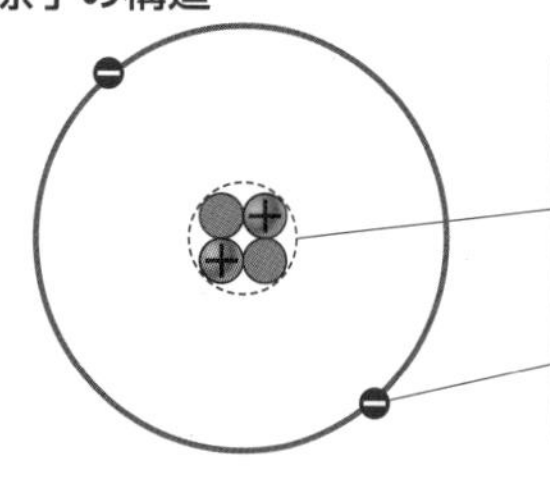

構成粒子		電荷	質量比
原子核	⊕ 陽子	+1	1
	● 中性子	0	1
⊖ 電子		−1	$\frac{1}{1840}$

②原子の構成表示

（例）質量数………12　原子番号…… 6　${}^{12}_{6}$C

質量数＝陽子の数＋中性子の数
原子番号＝陽子の数＝電子の数

③同位体（アイソトープ）　原子番号が同じで**質量数**の異なる原子。
同位体の化学的性質はほぼ等しい。　（例）${}^{1}_{1}$H と ${}^{2}_{1}$H

④電子配置　電子は，一定のエネルギーをもつ**電子殻**に存在する。
各電子殻への電子の配分のされ方を**電子配置**という。

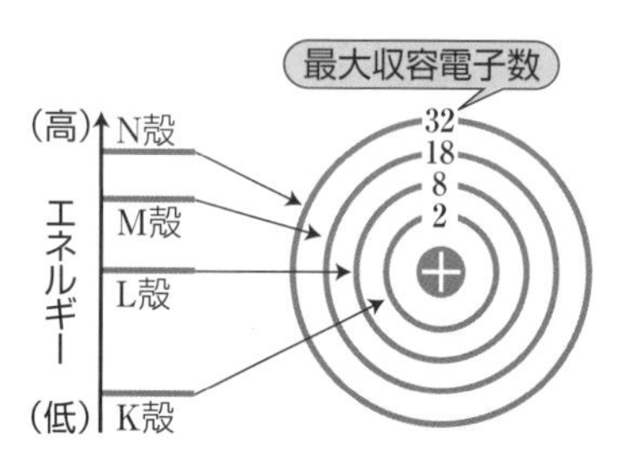

最外殻電子…最も外側の電子殻（最外殻）に存在する電子。

価電子…原子がイオンになるときや，他の原子と結合するときに重要な役割をもつ電子。一般に最外殻電子が価電子としてはたらく。

貴ガス…ヘリウム He やネオン Ne など。他の原子と結合しにくいため，価電子の数は **0**。

1 原子の構成粒子

原子を構成する粒子に関する次の図および文中の空欄に，あてはまる語句や数を記せ。

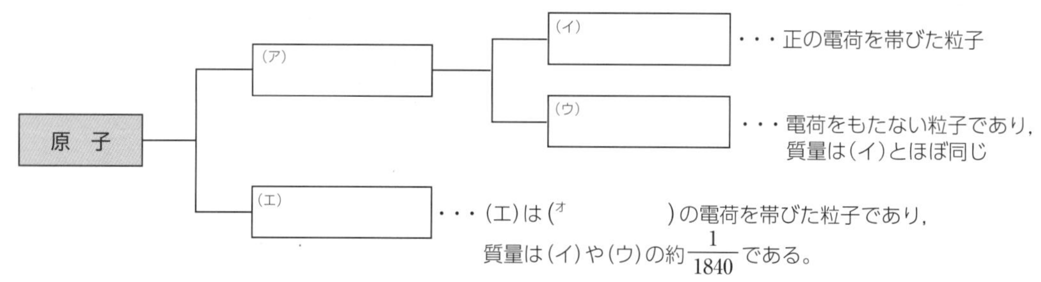

2 原子の構成

次の表中の①～⑮にあてはまる数値をそれぞれ記せ。

元素名	原子	原子番号	質量数	陽子の数	中性子の数	電子の数
水素	${}^{1}_{1}$H	1	1	①	②	③
炭素	${}^{12}_{6}$C	④	⑤	6	6	⑥
酸素	${}^{16}_{8}$O	⑦	16	⑧	⑨	8
ナトリウム	${}^{23}_{11}$Na	11	23	⑩	⑪	⑫
塩素	${}^{35}_{17}$Cl	⑬	⑭	17	⑮	17

3 電子配置 次の表中の空欄にあてはまる数値を，H や Ca にならって答えよ。

原子番号	1	2	3	4	5	6	7	8	9	10
元素記号	H	He	Li	Be	B	C	N	O	F	Ne
K 殻	1									
L 殻	—	—								
M 殻	—	—	—	—	—	—	—	—	—	—
N 殻	—	—	—	—	—	—	—	—	—	—
原子番号	11	12	13	14	15	16	17	18	19	20
元素記号	Na	Mg	Al	Si	P	S	Cl	Ar	K	Ca
K 殻										2
L 殻										8
M 殻										8
N 殻	—	—	—	—	—	—	—	—		2

4 電子配置 次の各原子の原子核の電荷と電子●の配置を，例にならって記せ。また，各原子の最外殻電子の数と価電子の数も記せ。ただし，中心の円は原子核を，点線の同心円は電子殻を表す。

原子	(例) リチウム $_{3}Li$	(1) 水素 $_{1}H$	(2) ヘリウム $_{2}He$	(3) 炭素 $_{6}C$
電子配置	3+			
最外殻電子の数	1			
価電子の数	1			
原子	(4) 酸素 $_{8}O$	(5) フッ素 $_{9}F$	(6) ネオン $_{10}Ne$	(7) ナトリウム $_{11}Na$
電子配置				
最外殻電子の数				
価電子の数				

5 イオン

学習日　月　日

学習のポイント

①**イオン**　電荷をもつ粒子。

陽イオン…正の電荷をもつイオン。　**陰イオン**…負の電荷をもつイオン。

単原子イオン…１つの原子からなるイオン。　**多原子イオン**…２つ以上の原子からなるイオン。

②**単原子イオンの生成**

価電子の少ない原子 ⇒ 電子を失って**陽イオン**になりやすい。

価電子の多い原子 ⇒ 電子を受け取って**陰イオン**になりやすい。

電子配置は原子番号の最も近い**貴ガス**原子と同じ電子配置になる。

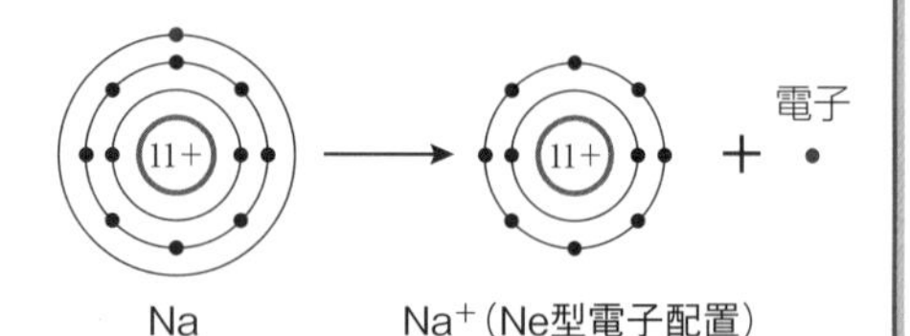

③**イオンの化学式**　元素記号の右上にイオンの価数(やりとりする電子の数)と，＋，－の符号をつけて表す。

単原子イオンの名称…陽イオンは「**元素名＋イオン**」，陰イオンは元素名の語尾を「**～化物イオン**」とする。

多原子イオンの名称…それぞれ固有の名称をもつ。

（例）Na^+ ⇒ ナトリウムイオン，Cl^- ⇒ 塩化物イオン，SO_4^{2-} ⇒ 硫酸イオン

④**イオンの生成とエネルギー**

イオン化エネルギー…原子から電子１個を取り去って，１価の陽イオンにするために必要なエネルギー。

電子親和力…原子が電子１個を受けとって，１価の陰イオンになるときに放出されるエネルギー。

1 **単原子イオンの電子配置**　次の各原子がイオンになったときの電子●の配置を例にならって記せ。ただし，中心の円は原子核を，点線の同心円は電子殻を表す。

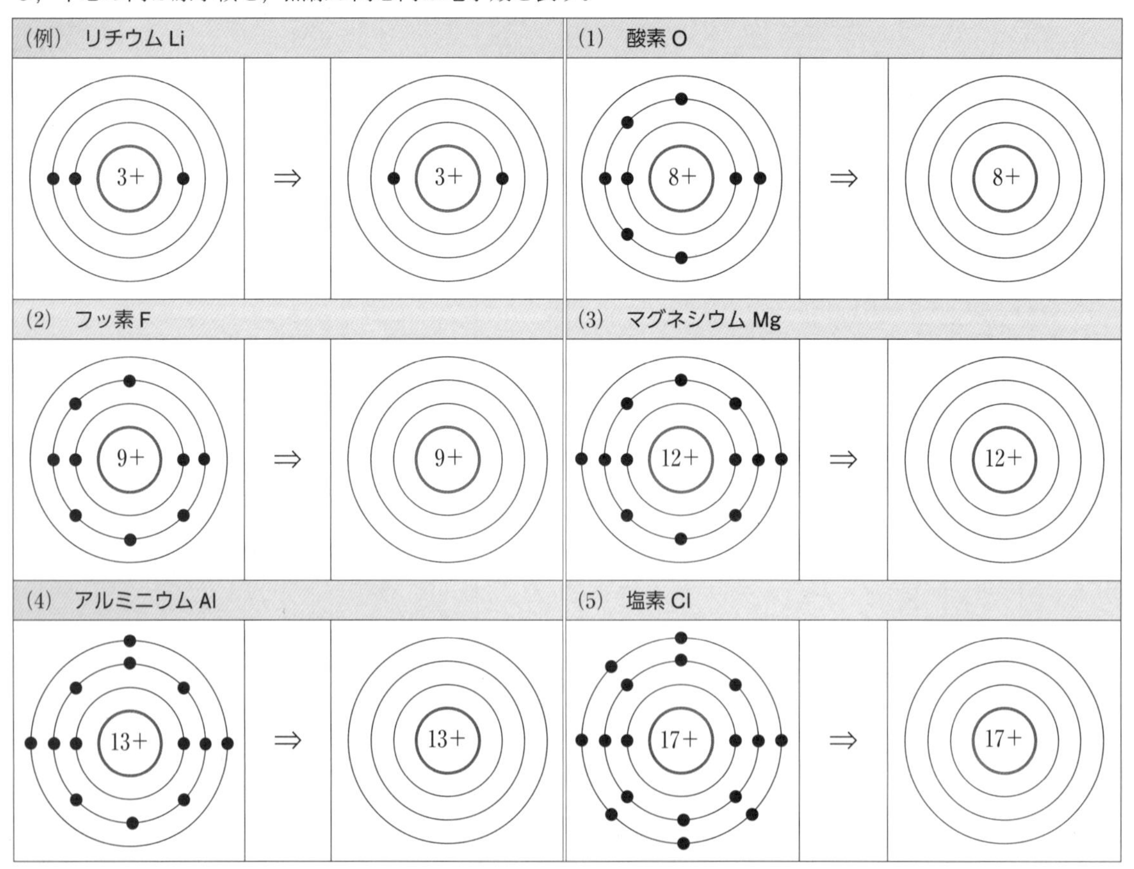

2 イオンの化学式　次のイオンの化学式を記せ。

(1)　水素イオン

(2)　ナトリウムイオン

(3)　カルシウムイオン

(4)　アルミニウムイオン

(5)　塩化物イオン

(6)　臭化物イオン

(7)　酸化物イオン

(8)　銀イオン

(9)　鉄(Ⅱ)イオン

(10)　鉄(Ⅲ)イオン

(11)　銅(Ⅰ)イオン

(12)　銅(Ⅱ)イオン

(13)　アンモニウムイオン

(14)　硫酸イオン

3 イオンの名称　次のイオンの名称を記せ。

(1)　Li^{+}

(2)　K^{+}

(3)　Mg^{2+}

(4)　Ba^{2+}

(5)　F^{-}

(6)　I^{-}

(7)　S^{2-}

(8)　Zn^{2+}

(9)　Fe^{2+}

(10)　Fe^{3+}

(11)　Cu^{+}

(12)　Cu^{2+}

(13)　OH^{-}

(14)　NO_3^{-}

4 イオンの生成とエネルギー　次の文中の空欄にあてはまる語句を記し，下の各問いに答えよ。

原子から電子を1個取り去って1価の(ア　　　　)にするために必要なエネルギーをイオン化エネルギーといい，原子が電子を1個受け取って1価の(イ　　　　)になるときに放出されるエネルギーを電子親和力という。一般に，イオン化エネルギーの値が小さい原子ほど，陽イオンになりやすく，電子親和力の値が大きい原子ほど，陰イオンになりやすい。次の表は，種々の原子のイオン化エネルギー〔kJ/mol〕を示している。

原子	$_{3}Li$	$_{9}F$	$_{11}Na$	$_{12}Mg$	$_{13}Al$	$_{16}S$	$_{17}Cl$
イオン化エネルギー〔kJ/mol〕	520	1681	496	738	578	1000	1251

(1)　表中の原子のうち，最も陽イオンになりやすい原子はどれか。元素記号で答えよ。

(2)　表中の原子のうち，最も陽イオンになりにくい原子はどれか。元素記号で答えよ。

6 元素の周期表

学習日　　月　　日

学習のポイント

①元素の周期律　元素を原子番号の順に並べると，その性質が周期的に変化すること。
周期的に変化する性質…価電子の数，イオン化エネルギー，電子親和力など

②元素の周期表　元素の周期律にもとづき，性質の似た元素を縦の列に並ぶように配列した表。
族…周期表の縦の列　　**周期**…周期表の横の行
同族元素…同じ族の元素のグループ

アルカリ金属	水素Hを除く1族元素。Li，Na，Kなど。	アルカリ土類金属	2族元素。Mg，Ca，Baなど。
ハロゲン	17族元素。F，Cl，Brなど。	貴ガス	18族元素。He，Ne，Arなど。

③元素の分類

典型元素	1，2，13〜18族の元素。価電子の数が周期的に変化する。同族元素は性質が類似。
遷移元素	3〜12族の元素。第4周期以降に現れる。最外殻電子が1〜2個で同周期も性質が類似。
金属元素	単体が金属の性質を示す。陽イオンになりやすい。典型元素と遷移元素がある。
非金属元素	単体は金属の性質を示さず，分子からなるものが多い。すべて典型元素。

1 元素の周期律　次の(1)と(2)の各事項は，原子番号に対して規則的に変化する。これらの事項を示したグラフを下の選択肢からそれぞれ選び，記号で答えよ。

(1)　イオン化エネルギー　＿＿＿＿＿＿　　(2)　価電子の数　＿＿＿＿＿＿

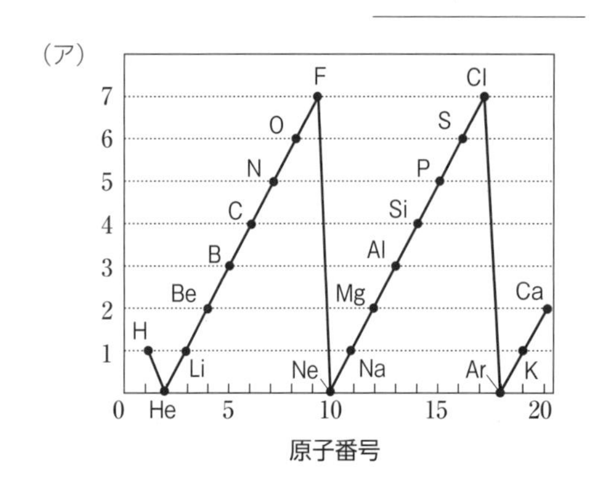

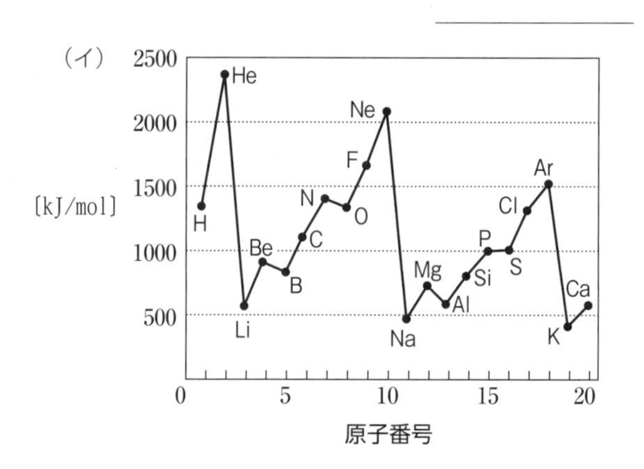

2 元素の周期表　元素の周期表について、次の(1)，(2)の元素のグループが，周期表のどの範囲に存在するか，図に塗って示せ。

(1)　典型元素　　(2)　非金属元素

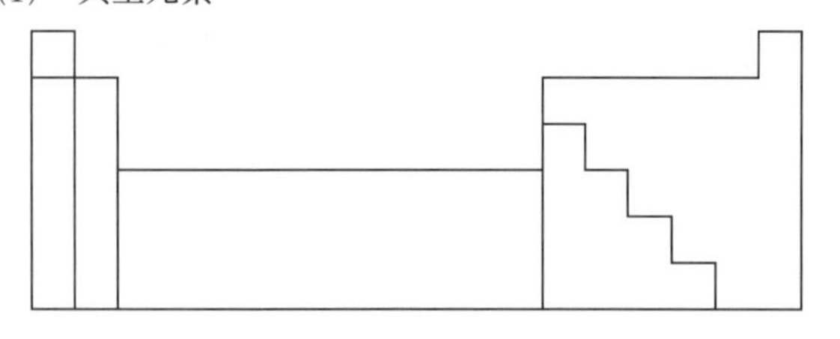

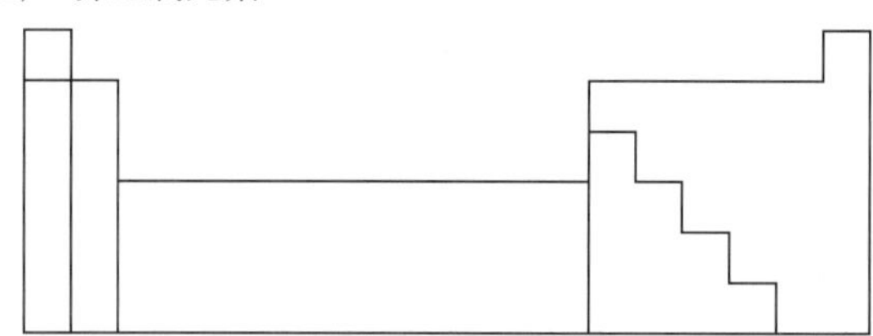

3 元素の周期表　次の元素の周期表について，空欄にあてはまる元素記号と元素の名称を，水素 H の例にならって記せ。

族／周期	1	2	13	14	15	16	17	18
1	H 水素							①
2	②	③	④	⑤	⑥	⑦	⑧	⑨
3	⑩	⑪	⑫	⑬	⑭	⑮	⑯	⑰
4	⑱	⑲						

4 元素の分類　次の図は，第 1 周期から第 6 周期の元素の周期表における元素の分類を示したものである。次の(1)～(8)の分類は，①～⑦のどの部分にあてはまるか。番号ですべて記せ。

(1)　アルカリ金属

(2)　アルカリ土類金属

(3)　ハロゲン

(4)　貴ガス

(5)　金属元素

(6)　非金属元素

(7)　典型金属元素

(8)　遷移元素

5 元素の分類　(1)～(4)にあてはまる元素を，次の中からすべて選べ。あてはまらない場合はなしと記せ。

Li　Na　C　O　Al　Si　K　Fe　Cu　Br　Ag

(1)　典型元素であり，金属元素である元素

(2)　典型元素であり，非金属元素である元素

(3)　遷移元素であり，金属元素である元素

(4)　遷移元素であり，非金属元素である元素

7 イオン結合とイオン結晶

月　　日

学習のポイント

①**イオン結合**　陽イオンと陰イオンの間に生じる**静電気力**による結合。おもに金属元素と非金属元素からなる物質に見られる。

②**組成式**　構成元素の原子数を，最も簡単な整数比で表した化学式。

イオンの価数と個数の関係　**陽イオンの価数×陽イオンの数 ＝ 陰イオンの価数×陰イオンの数**

つくり方	例1	例2
（ア）　陽イオン ⇒ 陰イオンの順で書く。	Li^{+}　O^{2-}	Al^{3+}　OH^{-}
（イ）　正負の電荷がつりあうようにする。	Li^{+}　　O^{2-} 1価×2個 ＝ 2価×1個	Al^{3+}　　OH^{-} 3価×1個 ＝ 1価×3個
（ウ）　（イ）で求めた個数を右下に記す。このとき，電荷は書かない。	Li_2O_1	Al_1OH_3
（エ）　1は省略する。多原子イオンは2個以上の場合，（　）で囲む。	Li_2O	$Al(OH)_3$

イオンからなる物質の名称は原則，陰イオン ⇒ 陽イオンの順に読む。

③**イオン結晶**　陽イオンと陰イオンが**イオン結合**により規則正しく配列した結晶。

性質
- かたいが，割れやすい。
- 融点が高いものが多い。
- 固体では電気を通さないが，融解した液体や水溶液では電気をよく通す。
- 水に入れるとイオンが**電離**（物質が水中で陽イオンと陰イオンを生じる現象）して溶ける物質が多い。

（例）塩化ナトリウム NaCl（食塩），炭酸水素ナトリウム $NaHCO_3$（重曹，胃薬）など

電解質…電離する物質　　**非電解質**…水溶液中で電離しない物質

1 組成式　次の表の空欄にあてはまる物質の名称と組成式を，塩化ナトリウム NaCl の例にならって記せ。

陰イオン ＼ 陽イオン	Na^{+} ナトリウムイオン	Ca^{2+} カルシウムイオン	Al^{3+} アルミニウムイオン	NH_4^{+} アンモニウムイオン
Cl^{-} 塩化物イオン	NaCl 塩化ナトリウム	①	②	③
O^{2-} 酸化物イオン	④	⑤	⑥	
OH^{-} 水酸化物イオン	⑦	⑧	⑨	
NO_3^{-} 硝酸イオン	⑩	⑪	⑫	⑬
SO_4^{2-} 硫酸イオン	⑭	⑮	⑯	⑰

2 組成式 次の化合物について，各化合物の組成式，および各化合物を構成する陽イオンと陰イオンを，塩化ナトリウム NaCl の例にならって記せ。

化合物	組成式	陽イオン	陰イオン
(例) 塩化ナトリウム	$NaCl$	Na^+	Cl^-
(1) フッ化リチウム			
(2) 塩化カリウム			
(3) 水酸化カリウム			
(4) 水酸化バリウム			
(5) 炭酸カリウム			
(6) ヨウ化銀			
(7) 塩化鉄(Ⅱ)			
(8) 塩化鉄(Ⅲ)			
(9) 酸化鉄(Ⅱ)			
(10) 酸化鉄(Ⅲ)			
(11) 硫酸銅(Ⅱ)			
(12) 硝酸亜鉛			

3 組成式の名称 次の組成式で表される物質の名称を答えよ。

(1) $MgCl_2$

(2) $CaCO_3$

(3) Na_2CO_3

(4) $BaSO_4$

(5) $AgNO_3$

(6) $FeSO_4$

(7) $Fe_2(SO_4)_3$

(8) $Cu(NO_3)_2$

(9) Cu_2O

(10) CuO

(11) ZnS

4 イオン結合 次の原子の組み合わせのうちから，イオン結合を形成するものをすべて選べ。

(ア) Li と Na　(イ) Na と O　(ウ) O と S　(エ) Ca と Cl　(オ) H と C

8 分子と共有結合(1)

学習日　　月　　日

学習のポイント

①**分子**　非金属元素の原子が，**共有結合**(不対電子を共有する結合)で結びついた粒子。構成原子を元素記号で示し，その数を右下に添えた式を**分子式**という。

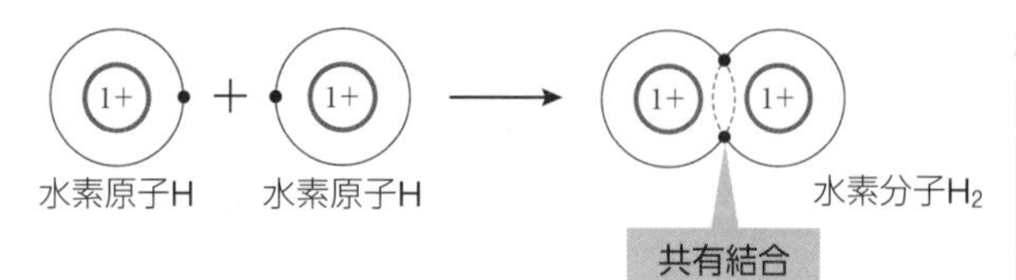

単原子分子…原子1個からなる分子。
(例) He，Ne，Ar などの**貴ガス**元素の原子
二原子分子…原子2個からなる分子。　(例) H_2，O_2，N_2，HCl など
多原子分子…原子3個以上からなる分子。　(例) H_2O，CO_2，NH_3 など

②**電子式**　元素記号の周囲に**最外殻電子**を黒点で示した式。
(例) H:C̤̈l:，H:Ö̤:H，:N⋮⋮N:，:Ö::C::Ö:

1 **分子式**　次の各分子の分子式を答えよ。

(1)　ヘリウム

(2)　水素

(3)　窒素

(4)　酸素

(5)　塩素

(6)　水

(7)　一酸化炭素

(8)　二酸化炭素

(9)　アンモニア

(10)　メタン

(11)　硝酸

(12)　硫酸

(13)　過酸化水素

2 **分子の名称**　次の各分子の名称を答えよ。

(1)　Ar

(2)　F_2

(3)　I_2

(4)　O_3

(5)　HCl

(6)　H_2S

(7)　NO

(8)　NO_2

(9)　SO_2

(10)　SO_3

(11)　C_2H_4

(12)　CH_3COOH

(13)　C_2H_5OH

3 原子の電子式　次の各原子の電子式，不対電子，電子対の数を，水素 H の例にならって記せ。

原子	(例)　水素 H	(1)　炭素 C	(2)　窒素 N	(3)　酸素 O	(4)　ネオン Ne
電子式	H·				
不対電子	1				
電子対	0				

4 分子の生成　水分子の例にならって，各分子の生成を，電子式を用いて表せ。

(例)　水分子 H_2O

H· + ·Ö· + ·H ⟶ H:Ö:H

(1)　塩素分子 Cl_2

(　　　　　　　　　　　　　　　　　　　　)

(2)　窒素分子 N_2

(　　　　　　　　　　　　　　　　　　　　)

(3)　アンモニア分子 NH_3

(　　　　　　　　　　　　　　　　　　　　)

(4)　二酸化炭素分子 CO_2

(　　　　　　　　　　　　　　　　　　　　)

5 分子の電子式　次の分子の電子式，共有電子対，非共有電子対の数を，水素 H_2 の例にならって記せ。

分子	(例)　水素 H_2	(1)　塩素 Cl_2	(2)　窒素 N_2	(3)　フッ化水素 HF
電子式	H:H			
共有電子対	1			
非共有電子対	0			

分子	(4)　水 H_2O	(5)　アンモニア NH_3	(6)　メタン CH_4	(7)　二酸化炭素 CO_2
電子式				
共有電子対				
非共有電子対				

9 分子と共有結合(2)

学習日　　月　　日

学習のポイント

①**構造式**　共有結合を線(価標)で示し，原子間の結合のようすを表した式。

（例）H−Cl，H−O−H，N≡N，O=C=O

②**分子の形**

分子	H_2	HCl	CO_2	H_2O	NH_3	CH_4
分子の形	直線形			折れ線形	三角錐形	正四面体形

③**配位結合**　一方の原子から他の原子に供与された**非共有電子対**を共有して生じる結合。**共有結合**の一種。

（例）アンモニウムイオン NH_4^+ の生成

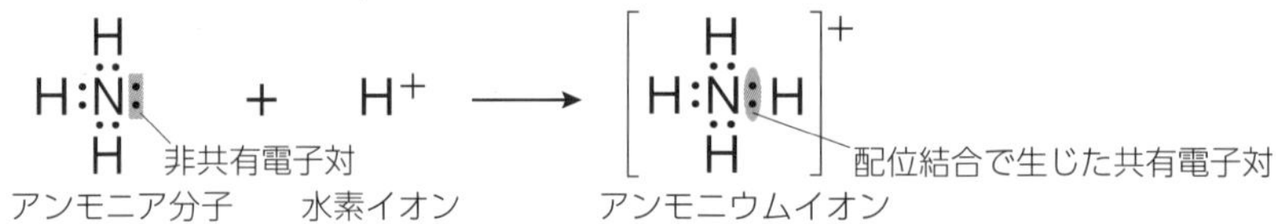

④**電気陰性度と極性**

電気陰性度…原子が共有電子対を引き寄せる力の強さの尺度。異なる元素の原子間では共有電子対が一方の原子に引き寄せられて電荷のかたよりが生じる。これを結合に**極性**があるという。

極性分子……全体で極性をもつ分子　（例）HCl，H_2O，NH_3 など

無極性分子…全体で極性をもたない分子　（例）H_2，CO_2，CH_4 など

1 分子の構造式　次の分子の構造式を，水素 H_2 の例にならって記せ。

分子	（例）水素 H_2	(1) フッ素 F_2	(2) 塩素 Cl_2	(3) 窒素 N_2
構造式	H−H			
分子	(4) フッ化水素 HF	(5) 塩化水素 HCl	(6) 水 H_2O	(7) 硫化水素 H_2S
構造式				
分子	(8) アンモニア NH_3	(9) メタン CH_4	(10) 四塩化炭素 CCl_4	(11) 二酸化炭素 CO_2
構造式				

2 配位結合　次の文中の(ア)にあてはまるイオンの化学式と，(イ)～(オ)にあてはまる語句を答えよ。

アンモニウムイオン(ア　　　)は，アンモニア NH_3 が水素イオン H^+ に供与された(イ　　　)を共有することによって生じる。(ウ　　　)イオン H_3O^+ も同様の反応により，図のように生じる。このような結合を(エ　　　)結合という。(　エ　)結合は，(オ　　　)結合の一種である。

H:Ö:　＋　H^+　⟶　[H:Ö:H]$^+$
　H　　　　　　　　　　　H

3 結合の種類　次の各分子に含まれる結合を(ア)～(ウ)から1つずつ選び，記号で答えよ。

(ア)　単結合　　(イ)　二重結合　　(ウ)　三重結合

(1)　水素　＿＿＿＿＿

(2)　塩素　＿＿＿＿＿

(3)　窒素　＿＿＿＿＿

(4)　フッ化水素　＿＿＿＿＿

(5)　水　＿＿＿＿＿

(6)　アンモニア　＿＿＿＿＿

(7)　メタン　＿＿＿＿＿

(8)　二酸化炭素　＿＿＿＿＿

4 分子の形と分類　次の表の空欄にあてはまる式および語句を，フッ化水素 HF の例にならって記せ。

分子	構造式	分子モデル	形	分類	
フッ化水素 HF	H－F		直線形	二原子分子 極性分子	
窒素 ①	②		③	二原子分子 ④	
水 ⑤	⑥		⑦	多原子分子	三原子分子 ⑧
二酸化炭素 ⑨	⑩		⑪		三原子分子 ⑫
アンモニア ⑬	⑭		⑮		四原子分子 ⑯
メタン ⑰	⑱		⑲		五原子分子 ⑳

10 分子結晶，共有結合の結晶，金属結晶

学習日　　月　　日

学習のポイント

①**分子結晶**　多数の分子が，**分子間力**(分子間にはたらく弱い引力)によって集合し，規則的に配列した結晶。

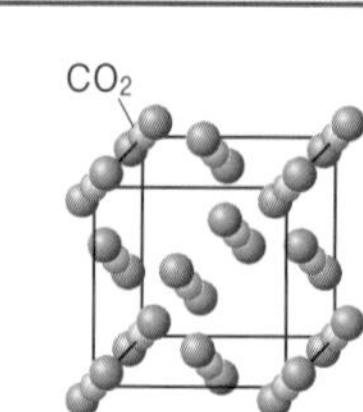

ドライアイス

性質　・やわらかく，くだけやすい。　・融点が低いものが多い。
・電気を導かない。　・**昇華**するものもある。

(例) ドライアイス CO_2，ヨウ素 I_2，氷 H_2O など

②**共有結合の結晶**　多数の原子が，**共有結合**で結びつき，規則的に配列した結晶。

性質　・非常にかたい(黒鉛はやわらかい)。　・融点が非常に高い。
・電気を導かない(黒鉛は導く)。　・水に溶けにくい。

(例) ダイヤモンド C，黒鉛 C，二酸化ケイ素 SiO_2 など

C

ダイヤモンド

③**金属結晶**　多数の金属の原子が金属結合(**自由電子**による結合)で規則的に配列した結晶。

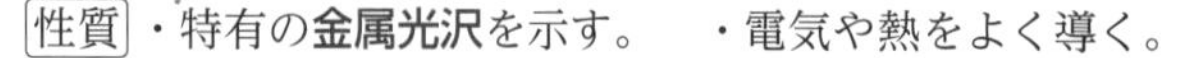

性質　・特有の**金属光沢**を示す。　・電気や熱をよく導く。
・**展性**(薄く広げることができる性質)，**延性**(引き延ばすことができる性質)をもつ。
・融点が高いもの(タングステン W：3410℃)から低いもの(水銀 Hg：−39℃)まで，幅広く存在する。
・複数の金属から**合金**をつくることができる。

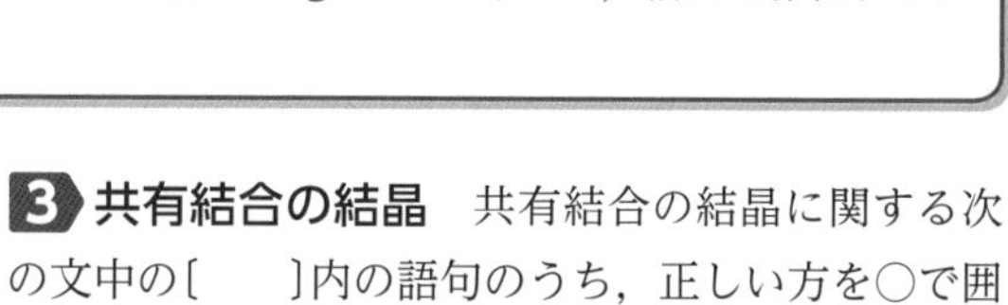

1 分子結晶　分子結晶に関する次の文中の［　　］内の語句のうち，正しい方を○で囲め。

二酸化炭素 CO_2 の分子の形は①［ 直線・折れ線 ］形である。C と O の間には極性が②［ ない・ある ］が，分子全体では極性が③［ ない・ある ］。二酸化炭素を冷やすと，④［ 共有結合・分子間力 ］によって多数の分子が集まり，ドライアイスになる。

水 H_2O の分子の形は⑤［ 直線・折れ線 ］形であり，分子全体では極性が⑥［ ない・ある ］。水を冷やすと，⑦［ 共有結合・分子間力 ］によって多数の分子が集まり，氷ができる。

2 分子結晶の性質　分子結晶に関する次の(ア)～(オ)のうちから，正しいものを1つ選べ。

(ア)　分子どうしが互いに共有結合で結びつき，規則正しく配列している。
(イ)　もろく，融点が非常に高いものが多い。
(ウ)　割れやすく，たたくと面に沿ってきれいに割れる。
(エ)　昇華しやすいものがある。
(オ)　固体でも融解しても電気をよく導く。

3 共有結合の結晶　共有結合の結晶に関する次の文中の［　　］内の語句のうち，正しい方を○で囲め。

ダイヤモンドでは，すべての炭素原子が①［ 3・4 ］個の価電子を使って，4 個の炭素原子と②［ 共有・イオン ］結合を形成することで，正四面体形の立体構造をつくっている。結晶の大きさによって結合している炭素原子の数が異なるので，その化学式は，組成式を用いて C と表される。ダイヤモンドは融点が非常に③［ 高・低 ］い。また，電気を④［ 導く・導かない ］。

一方，黒鉛は，図のように平面構造が積み重なった結晶構造をもつ。黒鉛では，炭素原子が⑤［ 3・4 ］個の価電子を使い，3 個の炭素原子と⑥［ 共有・イオン ］結合を形成することで，正六角形をつくっている。残った 1 個の価電子が平面構造内を移動するので，黒鉛は電気を⑦［ 導く・導かない ］。

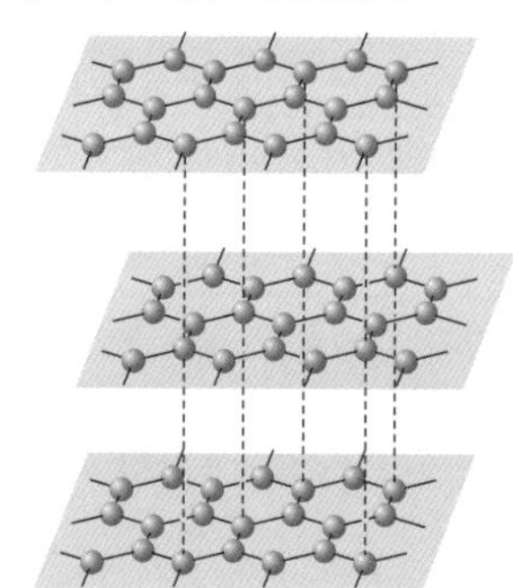

4 金属結晶　金属結晶に関する次の文中の空欄に，あてはまる語句を記せ。

金属結晶では，(ア　　　　　)電子が結晶中を動き回ることによって，多数の原子が結合している。このような結合を(イ　　　　　)結合という。

金属には，(ウ　　　　　)のように極めて融点が低く，常温で液体として存在するものや，タングステンのように極めて融点の高いものがある。

金属は，電気や(エ　　　　　)をよく伝える。また，力を加えると薄く広がる(オ　　　　　)性や，引き延ばすと細い線になる(カ　　　　　)性を示す。

5 身近な金属の特徴と利用　次の特徴や利用の説明にあてはまる金属の元素を選び，表中の空欄を埋めよ。

Fe　Al　Cu　Ag　Pb　Zn

金属	特徴	利用
①	赤味を帯びた金属。 金属の中で2番目に電気や熱伝導性がよい。	電線 硬貨 調理器具
②	湿った空気中で赤さびを生じる。 幅広く利用される。	機械 レール 建築材
③	軽く，展性・延性に富む。 薄い酸化物の被膜が内部を保護する。	缶 サッシ 硬貨
④	青味を帯びた金属。	乾電池 トタン
⑤	銀白色の金属。 金属の中で最も電気や熱伝導性がよい。	装飾品 食器
⑥	やわらかく重い。 放射線を吸収する。	放射線遮蔽(しゃへい)材 バッテリー

6 組成式　次の各物質の組成式を書け。

(1)　ケイ素　＿＿＿＿

(2)　二酸化ケイ素　＿＿＿＿

(3)　鉄　＿＿＿＿

(4)　アルミニウム　＿＿＿＿

(5)　銅　＿＿＿＿

(6)　銀　＿＿＿＿

(7)　亜鉛　＿＿＿＿

(8)　白金　＿＿＿＿

(9)　鉛　＿＿＿＿

(10)　チタン　＿＿＿＿

(11)　水銀　＿＿＿＿

(12)　金　＿＿＿＿

(13)　スズ　＿＿＿＿

(14)　ニッケル　＿＿＿＿

(15)　クロム　＿＿＿＿

(16)　リチウム　＿＿＿＿

(17)　ナトリウム　＿＿＿＿

(18)　カリウム　＿＿＿＿

(19)　マグネシウム　＿＿＿＿

(20)　カルシウム　＿＿＿＿

(21)　バリウム　＿＿＿＿

11 結晶の比較

1 結晶の分類　各結晶についてまとめた図と表の空欄や(　　)にあてはまる語句を記せ。

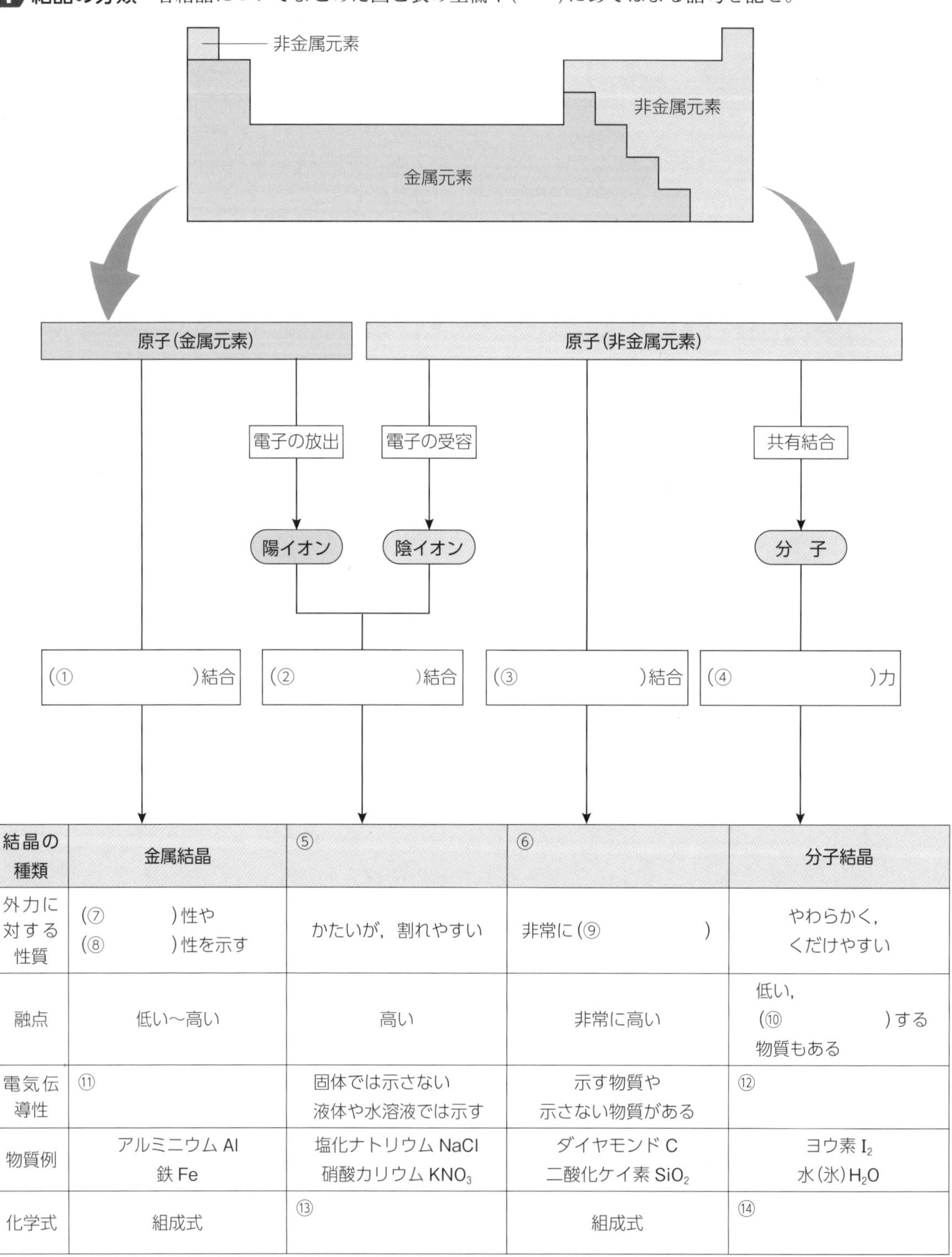

結晶の種類	金属結晶	⑤	⑥	分子結晶
外力に対する性質	(⑦　　　)性や (⑧　　　)性を示す	かたいが，割れやすい	非常に(⑨　　　)	やわらかく， くだけやすい
融点	低い～高い	高い	非常に高い	低い， (⑩　　　)する 物質もある
電気伝導性	⑪	固体では示さない 液体や水溶液では示す	示す物質や 示さない物質がある	⑫
物質例	アルミニウム Al 鉄 Fe	塩化ナトリウム NaCl 硝酸カリウム KNO_3	ダイヤモンド C 二酸化ケイ素 SiO_2	ヨウ素 I_2 水(氷) H_2O
化学式	組成式	⑬	組成式	⑭

2 結晶の分類 次の各結晶にあてはまる物質を次の(ア)～(ク)からそれぞれ選び，記号で答えよ。

(1) イオン結晶 ＿＿＿＿＿＿

(2) 分子結晶 ＿＿＿＿＿＿

(3) 共有結合の結晶 ＿＿＿＿＿＿

(4) 金属結晶 ＿＿＿＿＿＿

(ア) アルミニウム　(イ) 水(氷)
(ウ) 酸化カルシウム　(エ) 鉄
(オ) 二酸化ケイ素　(カ) ダイヤモンド
(キ) ヨウ素　(ク) 硝酸カリウム

3 結晶の特性 次の各物質の特性を表している記述をA群から，また，各物質に関係の深い事項をB群からそれぞれ選び，記号で答えよ。

(1) ドライアイス
A群＿＿＿＿＿＿B群＿＿＿＿＿＿

(2) 塩化カルシウム
A群＿＿＿＿＿＿B群＿＿＿＿＿＿

(3) 銅
A群＿＿＿＿＿＿B群＿＿＿＿＿＿

(4) 二酸化ケイ素
A群＿＿＿＿＿＿B群＿＿＿＿＿＿

〈A群〉
(ア) 極めてかたく，融点も高い。
(イ) 昇華しやすい。
(ウ) 固体では電気を導かないが，融解すると導く。
(エ) 展性に富み，電気伝導性もよい。

〈B群〉
(a) 分子が分子間力で結合している。
(b) 自由電子で結びついている。
(c) 静電気力で結合している。
(d) 共有結合だけでできている

4 結晶の性質の比較 結晶の性質を比較するために，次の実験①～③を行い，その結果を表に○×でまとめた。次の問いに答えよ。

<準備した結晶>
塩化ナトリウム，氷砂糖(スクロース)，水晶，亜鉛

実験

① それぞれの結晶にテスターをあてて電流が流れるかどうかを調べた。電流が流れた結晶を○，流れなかった結晶を×とした。

② それぞれの結晶について，水を入れた試験管に少量入れて振り，溶けるかどうかを調べた。溶けた結晶を○，溶けなかった結晶を×とした。

③ 実験②で溶けた結晶の水溶液にテスターを入れ，電流が流れるかどうかを調べた。電流が流れた結晶の水溶液を○，流れなかった結晶の水溶液を×とした。

(問) 実験①～③の結果を表にまとめよ。ただし，実験②で溶けなかった結晶については，③の結果は書かなくてよい。

結果

	塩化ナトリウム	氷砂糖	水晶	亜鉛
①				
②				
③				

5 結晶と化学結合 次の(1)～(3)の記述は，ダイヤモンド，塩化ナトリウム，スズの性質に関するものである。記述中の物質A～Cにあてはまる物質の名称をそれぞれ記せ。

(1) 固体状態で電気伝導性があるのはAである。

(2) AとBは水に溶けないが，Cは水に溶ける。

(3) AとCの融点に比べて，Bの融点は非常に高い。

A ＿＿＿＿＿＿

B ＿＿＿＿＿＿

C ＿＿＿＿＿＿

特集　物質の利用

●物質の分類とその利用

分類	物質	化学式	用途の例
イオン結晶	塩化ナトリウム	$NaCl$	調味料，他のナトリウムの化合物を合成する材料
	炭酸ナトリウム	Na_2CO_3	ガラス(ソーダ石灰ガラス)の原料
	水酸化ナトリウム	$NaOH$	セッケンや合成洗剤の材料，排水管の洗浄剤
	炭酸水素ナトリウム	$NaHCO_3$	ベーキングパウダー，重曹，胃腸薬
	塩化カルシウム	$CaCl_2$	路面の凍結防止剤，乾燥剤
	炭酸カルシウム	$CaCO_3$	チョーク，セメント，歯磨き粉
	硫酸バリウム	$BaSO_4$	レントゲン撮影に使われる X 線造影剤
	硫酸アンモニウム	$(NH_4)_2SO_4$	窒素肥料(硫安)
分子からなる物質	酸素	O_2	医療用酸素，ガスの溶接，燃料電池
	窒素	N_2	冷却材(液体窒素)，食品の酸化防止剤
	二酸化炭素	CO_2	冷却材(ドライアイス)，炭酸飲料
	メタン	CH_4	天然ガスの主成分，都市ガス
	エタノール	C_2H_5OH	酒類，消毒液
	酢酸	CH_3COOH	食酢，保存料，医薬品の原料
共有結合の結晶	ダイヤモンド	C	宝石などの装飾品，研磨剤，歯科用ドリル
	黒鉛	C	電極，鉛筆の芯
	ケイ素	Si	太陽電池，集積回路
	二酸化ケイ素	SiO_2	石英ガラス，光ファイバー
金属結晶	鉄	Fe	機械，レール，建築材
	アルミニウム	Al	アルミ缶，アルミサッシ，一円硬貨
	銅	Cu	電線，十円硬貨，調理器具
	銀	Ag	装飾品，食器
	亜鉛	Zn	マンガン乾電池，トタン
	鉛	Pb	放射線遮蔽(しゃへい)材(鉛ガラス)，車のバッテリー

●合金…複数の金属を混ぜ合わせてできた金属。合金は，もとの金属とは異なる性質を示す。

合金	成分元素	用途の例
黄銅(真鍮，ブラス)	銅 Cu，亜鉛 Zn	五円硬貨，金管楽器
青銅(ブロンズ)	銅 Cu，スズ Sn	銅像，釣り鐘
ステンレス鋼	鉄 Fe，クロム Cr，ニッケル Ni	工具，流し台
ジュラルミン	アルミニウム Al，銅 Cu，マグネシウム Mg	トランクケース，鉄道車両の材料
ニクロム	ニッケル Ni，クロム Cr	電熱線，電熱器
水素吸蔵合金	チタン Ti，ニッケル Ni，マグネシウム Mg	ニッケル・水素電池